AF573582

RECHERCHES ÉCONOMIQUES

SUR

LE SON OU L'ÉCORCE DU FROMENT.

Il résulte de ces recherches :

1. Que l'enveloppe ou la partie corticale du blé forme à peine 5 pour 0/0 ou 1/20 du poids du grain.
2. Que néanmoins, par les bons procédés ordinaires de mouture, le blé produit le quart de son poids en sons ou issues.
3. Qu'on laisse aujourd'hui dans le son plus de 75 pour 0/0, en poids, de substances nutritives.
4. Qu'au moyen d'un simple lavage on peut retirer, des sons, la moitié de leur poids de farine de première qualité, de gruau et d'autres substances nutritives.
5. Que l'on peut ainsi retirer du blé, au moins 15 pour 0/0 de pain en plus de ce qu'on en obtient aujourd'hui; c'est-à-dire qu'avec la même quantité de grains que l'on consomme en France, on peut obtenir, en plus, trois millions de kilogrammes de bon pain par jour.

RECHERCHES
ÉCONOMIQUES
SUR
LE SON OU L'ÉCORCE DU FROMENT
ET
DES AUTRES GRAINES CÉRÉALES;

Par J. Ch. Herpin,

Docteur en Médecine, Membre du Conseil d'administration de la Société pour l'encouragement de l'Industrie nationale; de la Société royale et centrale d'Agriculture de France; de la Commission de Salubrité, de celle d'Instruction primaire, et du Bureau de Bienfaisance du dixième arrondissement municipal de Paris.

PRIX : 50 CENTIMES.

PARIS,

CHEZ L. COLAS, LIBRAIRE, rue Dauphine, N° 32.
HACHETTE, LIBRAIRE, rue Pierre-Sarrazin, N° 12.

1833.

AVIS IMPORTANT.

L'auteur a pris un Brevet d'invention pour l'objet dont il est question dans cette brochure.

Extrait de la loi sur les brevets d'invention.

1° Le propriétaire d'un brevet a, lui seul, le droit d'exploiter ou de faire exploiter sa découverte dans toute l'étendue du royaume.

2° Ceux qui fabriquent ou imitent *sans autorisation* une découverte brévetée, sont appelés *contrefacteurs*,

3° Le propriétaire d'un brevet peut faire saisir les objets contrefaits, traduire les contrefacteurs devant les tribunaux, et les faire condamner à payer des dommages-intérêts et une amende de six mille francs.

« J'autorise tous les établissemens de bienfai» sance et de charité à faire usage, s'ils le jugent » convenable, des procédés indiqués dans ma bro» chure ci-jointe, pourvu que ce soit sous la sur» veillance et la garantie des chefs de ces établisse» mens, et seulement pour le service des indi» gens. »

Paris, ce 20 février 1833.

Serpin

Rue des Beaux-Arts, n. 3.

RECHERCHES

ÉCONOMIQUES

SUR

LE SON OU L'ÉCORCE DU FROMENT.

Le pain est, sans contredit, l'un de nos alimens les plus salubres et les plus nutritifs. C'est celui qui coûte le moins.

Aussi l'homme, destiné par la nature à chercher sa subsistance parmi ce grand nombre de productions végétales et animales qui sont répandues sur le globe, a-t-il, depuis un temps immémorial et dans toutes les parties du monde, donné une préférence marquée aux semences des plantes céréales, et surtout au froment, dont il a fait la base de sa nourriture (1).

C'est pourquoi la culture et la production du blé sont devenu l'objet principal des travaux des

(1) Cicéron fait venir le mot *pain* (panis) du mot grec *Pan* qui signifie *tout*; voulant exprimer que le pain est tout pour l'homme; qu'il lui tient lieu de toute autre nourriture. C'est en effet le seul aliment du pauvre.

(*Oratio pro Cluentio*).

agriculteurs, la source la plus féconde de la population, de la richesse et de la prospérité des états.

Comme le grain ne peut être mangé commodément dans l'état où la nature nous le fournit, l'homme est parvenu, à force d'intelligence et d'industrie, à en extraire la partie farineuse ou nutritive, et à la transformer en un aliment agréable et salutaire, qui est le pain.

« Rien, dit Edlin (1), ne semble plus aisé, au premier coup d'œil, que de moudre le blé, de préparer une pâte avec la farine et l'eau, et de la faire cuire dans un four. Ceux qui sont habitués à jouir des avantages des plus belles inventions humaines, sans réfléchir aux peines qu'elles ont coûté avant que d'être complètes, regardent toutes ces opérations comme ordinaires et triviales.

Il est sûr néanmoins qu'avant de réussir à faire du bon pain, les hommes ont faire cuire le blé dans de l'eau et formé des gâteaux visqueux d'un goût désagréable et d'une digestion difficile : il fallut d'abord réduire le blé en farine en l'écrasant avec des pierres ; on le pila ensuite dans des espèces de mortiers ; enfin, on inventa des moulins à bras et d'autres machines pour moudre le grain et en sé-

(1) Edlin, *l'Art de faire le pain*, traduit par J. Peschier. Paris. Genève. — Paschoud, 1811.

parer la farine sans trop de peine ; le hasard apprit ensuite que la farine de froment mêlée avec une certaine quantité d'eau, et à un degré de chaleur modérée, était susceptible de fermentation ; que celle-ci détruit sa viscosité, relève son goût et la rend plus propre à faire un pain léger, agréable au palais, et d'une digestion facile. »

Ce n'est guères que depuis un siècle environ que l'on est parvenu à reconnaître d'une manière exacte la nature et la composition du blé, la quantité de matière nutritive qu'il contient, et que l'on a su en tirer parti d'une manière avantageuse.

Pour faire connaître combien l'art était arriéré, combien il s'est perfectionné depuis cent ou cent cinquante ans, il suffit de rappeler une ordonnance de Louis XIV, en 1658, qui défendait de faire remoudre le son, c'est-à-dire d'en retirer le gruau que nous reconnaissons aujourd'hui fournir la farine la plus belle et la meilleure, attendu que le gruau était alors considéré comme indigne d'entrer dans le corps humain.

L'article 24 des statuts des boulangers s'exprimait ainsi :

« Défenses sont faites à tous boulangers, tant » maîtres que forains, de faire remoudre aucuns » sons, comme étant indignes d'entrer dans le corps

» humain, à peine de soixante livres d'amende
» qui ne pourra être modérée pour quelque cause
» que ce soit; enjoint auxdits maîtres et gardes
» de tenir exactement la main à ce qu'il ne soit
» contrevenu au présent article. »

Cette défense de remoudre aucuns sons empêchait de remoudre le son gras, qui contient le gruau, qui est la partie la plus nutritive et la plus précieuse du grain; on était donc forcé à le donner aux animaux, car, à cette époque, on ne savait pas bluter aussi bien qu'on est parvenu à le faire dans la suite. Ces défenses, renouvelées en 1680, à l'époque du plus haut degré de la gloire de Louis XIV, ont arrêté, pendant près d'un siècle, les progrès de l'art du meûnier et du boulanger.

Nous tirerons de là cette conséquence bien importante : Que les gouvernemens doivent apporter la plus grande circonspection lorsqu'ils veulent réglémenter l'industrie, car, le plus souvent, ils ne font que l'entraver, ou en arrêter la marche et le développement (1).

(1) Il nous semble que l'action du gouvernement, lorsque toutefois elle est reconnue nécessaire, doit se borner à *constater la nature et la qualité* des objets livrés au commerce, mais ne point empêcher ni restreindre aucune fabrication, quelle qu'elle soit, dont les produits trouvent un débit assuré.

L'acheteur peut ne pas connaître si une étoffe est bon ou mauvais teint; si l'argenterie est à tel ou tel titre de fin; si les

A la fin du quinzième siècle on ne retirait du grain que la moitié de son poids en pain, c'est-à-dire moitié moins de ce qu'on en obtient aujourd'hui.

Il fallait alors, suivant Budée, quatre setiers de blé ou 480 kilogrammes (960 livres), pour la nourriture d'un homme pendant un an, parce qu'on ne tirait alors que 72 kilogrammes (144 livres) de pain par chaque setier de froment (1).

On donnait autrefois aux Quinze-Vingts pour leur subsistance en pain, quatre setiers de froment à chaque homme.

poids ou les mesures, dont se sert le marchand, ont les dimensions prescrites par les lois.

Il faut donc que l'acheteur ait un moyen légal de vérifier et de reconnaître le poids, la mesure et la qualité de la marchandise qu'on lui présente ; car il lui importe beaucoup de ne pas acheter du cuivre pour de l'or, un mauvais teint pour un bon, du coton pour du fil ou de la laine. Ici le gouvernement doit intervenir et présenter sa garantie au consommateur; il doit exiger, sous des peines graves, que le fabricant indique la nature et la qualité des objets qu'il livre au commerce ; il doit même avertir officieusement le consommateur des inconvéniens et des dangers qui peuvent résulter de l'usage et de l'emploi des objets qui lui sont présentés. Mais l'administration ne doit pas aller plus loin ; elle doit borner là toute son action, et ne point gêner, ni paralyser une industrie nouvelle qui peut avoir, dans la suite, les résultats les plus utiles et les plus avantageux.

L'intérêt des consommateurs et des négocians aura bientôt fait justice de toutes ces prétendues améliorations qui n'offriraient pas une utilité réelle et bien constatée.

(1) Le setier de blé pèse 240 livres ou 120 kilogrammes; il vaut 1 hectolitre 56 litres; il contient 12 boisseaux de 13 litres chacun. Le poids moyen de l'hectolitre de froment est de 75 kilogrammes.

Le Maréchal Vauban, dans son traité de la dîme royale, évalue à trois setiers la quantité de blé nécessaire pour la nourriture d'un homme pendant une année.

Le setier produisait alors 150 livres de pain.

Au commencement du siècle dernier, vers 1700, on détermina la consommation de froment pour chaque homme, pendant une année, à deux setiers et demi. Chaque setier, de 120 kilogrammes, produisait alors 90 à 93 kilogrammes de pain.

Les deux setiers et demi de blé ne rendaient donc que 223 à 232 kilogrammes de pain.

Aujourd'hui que l'art du meûnier et du boulanger ont fait de grands progrès, on obtient de cette même quantité de froment (deux setiers et demi ou 300 kilogrammes), un poids égal ou 300 kilogrammes de pain.

« Deux setiers et un quart suffisent aujourd'hui, » dit Parmentier (1), pour produire 560 livres de » pain de toutes farines, ce qui peut nourrir » l'homme le plus vigoureux pendant son an» née. »

Il résulterait donc des perfectionnemens apportés dans la mouture et la fabrication du pain, que l'on a obtenu, depuis deux siècles, une économie d'un tiers au moins dans la consommation des grains

(1) *Parfait Boulanger*, page 59.

en France, puisqu'il n'en faut plus que deux setiers (240 kilogrammes) par an, pour la nourriture d'un homme, au lieu de trois setiers qu'il fallait il y a 200 ans; les deux setiers pouvant produire aujourd'hui du pain beaucoup meilleur, plus blanc et en quantité bien plus grande que trois setiers autrefois (1).

Un setier de blé pesant 120 kilogrammes produit aujourd'hui 90 à 92 kilogrammes de farines qui rendent au moins 120 kilogrammes de pain cuit et rassis; plus, 26 kilogrammes de sons.

Depuis les travaux et les écrits de Malouin, de Bucquet, de Parmentier, auxquels l'art de la mouture et de la boulangerie est redevable d'une foule de perfectionnemens utiles, c'est-à-dire depuis environ 50 ou 60 ans, ces proportions n'ont guères varié.

Ainsi donc, le froment donne environ les trois

(1) Ces faits nous conduisent à une observation qui est de la plus haute importance et qui mérite toute l'attention des gouvernemens. C'est que les perfectionnemens les plus simples et les plus insignifians en apparence, dans les arts, peuvent souvent avoir des résultats immenses. La seule invention du quinquet, ou de la lampe à courant d'air, par *Argand*, a créé en France une richesse nouvelle par l'impulsion extraordinaire que cette invention a donné à la fabrication et au commerce des huiles à brûler.

Dans un rapport fait en 1813, par le Ministre de l'intérieur au Corps-Législatif, on remarque le passage suivant :

« La valeur annuelle de nos huiles végétales est de 250 mil-
» lions ; il y a 25 ans nous en tirions de l'étranger pour 20 mil-
» lions ; aujourd'hui nous en exportons pour 6 millions. »

quarts de son poids en farines et un quart en sons ou en déchet; toutefois ces quantités varient beaucoup suivant l'habileté des meûniers, la bonté du moulin, des bluteries, etc.

Il y a même des meûniers qui ne rendent de 100 kilogrammes de blé que 33 à 35 kilogrammes de farines et 60 kilogrammes de sons.

La mouture économique, dans laquelle on fait repasser le son sous la meule, à plusieurs reprises, et à laquelle on a fait, peut-être avec raison, le reproche de moudre le son et de le mélanger avec la farine, donne les résultats suivans :

Produit moyen de 1,000 kilogrammes de blé par la mouture économique.

		kilogram.	
Farines blanches.	1. Première Farine dite de blé.	383	671
	2. Première Farine de gruau.	192	
	3. Deuxième Farine de gruau.	96	
Farines bises.	4. Troisième Farine de gruau.	50	80
	5. Quatrième Farine de gruau.	30	
Son et issues.	Recoupettes	54	284
	Recoupes.	62	
	Son maigre.	108	
	Déchet.	25	25
	Total égal . .	1,000 kil.	

Par la mouture à la grosse, dans laquelle le blé ne passe qu'une seule fois sous la meule, mais où une partie du son est réduite en poussière et se mêle avec la farine, on obtient les résultats suivans :

Produit moyen de 1,000 kilogr. de blé par la mouture à la grosse.

Farine blanche.	588 kil.
Farine bise blanche. .	72
Son.	315
Déchet.	25
Total. . .	1,000 kil.

Enfin aujourd'hui, les moulins perfectionnés d'après le système anglais, dans lesquels le son est séparé le mieux qu'il est possible de la farine au moyen de brosses, donnent à peu près les résultats qui suivent :

Pour 100 kilogr. de blé.

1° En farines blanches et bises, de 74 à 78 kilogr.	76	kilog.
2° En recoupettes ou remoulages, de 3 à 3 kilogr. 1/2.	3	1/4
3° En recoupes, de 3 1/2 à 4 kilogr.. .	3	3/4
4° En sons, de 14 à 15 kilog.	14	1/2
5° Déchet, 2 kilog. 1/2.	2	1/2
Total. . .	100	kilog.

« Si l'on obtient, dit Parmentier (1), plus de 180 livres de farine d'un setier du meilleur blé (75 pour 0/0), nous pouvons assurer avec certitude, d'après des expériences variées, répétées, multipliées et comparées chez nos meûniers les plus habiles, que les meules ayant été rapprochées et les bluteaux très-clairs, la totalité du son s'est trouvé être réduite en poudre fine et a passé dans les farines, où il demeure confondu. »

On voit d'après ce qui précède, que, malgré les nombreux perfectionnemens apportés dans l'art de moudre les grains, le procédé le plus parfait auquel on soit parvenu jusqu'à présent, ne donne en farines blanches et bises, guère plus de 75 pour cent du poids du blé. Il y a donc environ 25 pour cent ou le quart du poids du blé qui forment le son ou les issues, que l'on n'emploie pas pour la nourriture de l'homme. Dans les provinces, où la mouture est encore en retard, la proportion du son s'élève souvent jusqu'à *cinquante* pour cent, ou la moitié du poids du blé.

Qu'est-ce que le son ?

Contient-il quelques parties susceptibles d'être employées pour la nourriture de l'homme ?

(1) *Parfait Boulanger*, page 189.

En quelles proportions le son se trouve-t-il dans le blé ?

Telles sont les questions importantes sur lesquelles nous avons entrepris une série d'expériences dont nous allons rendre compte succintement.

1° *Examen physique du grain et du son.*

A. Si à l'aide d'un microscope on examine attentivement un grain de blé, on remarquera qu'il est formé de trois substances ou matières différentes :

1° L'enveloppe, ou partie corticale, que l'on appelle vulgairement le son.

2° Immédiatement au-dessous de l'écorce, on trouve une matière jaunâtre, transparente, qui se prolonge jusqu'au centre du grain; c'est cette substance que l'on appelle *gruau*, et qui forme environ la moitié du volume du grain.

3° Enfin, au centre se trouve la fécule, qui apparaît sous l'aspect d'une masse blanche, remplie de points brillans et cristallins.

B. Si l'on détache avec précaution l'écorce ou l'enveloppe du grain, on voit qu'elle est composée de trois pellicules ou membranes très-minces, formant un tissu vasculaire ou un réseau composé de petits tubes placés à côté les uns des autres et communiquant entre eux par de nombreuses anastomoses. Ces petits vaisseaux sont remplis de sucs végétaux et de substances semblables à celles que l'on trouve dans l'intérieur du grain.

Entre la seconde et la troisième membrane, on aperçoit une couche de substance visqueuse semblable à de la gomme, laquelle enveloppe le grain dans sa totalité.

On voit déjà que le son étant formé d'un grand nombre de petits vaisseaux remplis par les sucs nourriciers de la plante, il doit être nutritif en raison de la quantité plus ou moins grande des substances farineuses et gommeuses qu'il contient.

D'un autre côté, le son ne peut être nutritif qu'en partie, puisque la substance qui forme la charpente de l'écorce et des petits tubes, n'est autre chose que du bois ou de la paille, qui peut très-bien nourrir les animaux herbivores, mais qui ne peut pas convenir pour la nourriture de l'homme.

C. Dans le dessein de connaître quelle est la proportion du son dans le froment, Poncelet (1) s'y prit de la manière suivante :

« Je choisis sept grains de froment les plus beaux que je pus trouver parmi ceux de ma dernière ré-

(1) Histoire naturelle du froment, page 179.

colte; je les pesai les uns après les autres, et je trouvai qu'ils pesaient tous également, c'est-à-dire chacun un grain, poids de marc; par conséquent les sept grains de blé réunis pesaient sept grains, poids de marc. J'eus la patience d'enlever ensuite avec la pointe d'un canif, les trois membranes qui composent la substance corticale. A chaque coup de canif, j'examinai avec une forte loupe, si je n'enlevais rien de trop, ni de trop peu, et surtout j'avais grand soin de ne rien égarer de la substance que j'enlevais : je recueillis tout le son que je venais d'obtenir; je le pesai, et je trouvai qu'il pesait juste un grain; je pesai ensuite les sept grains dépouillés, et je trouvai qu'ils ne pesaient plus que six grains, poids de marc; je repesai ensuite le tout ensemble, et je retrouvai mon premier poids de sept grains : d'où je crus pouvoir conclure que la proportion du son dans la farine non blutée était d'un septième; encore faut-il comprendre dans ce septième la portion de gomme résine toujours adhérente au son. »

D. Afin de déterminer d'une manière exacte, et par un procédé différent de celui que nous venons de rapporter, la proportion de la partie corticale ou du son dans le blé, nous eûmes recours au moyen suivant :

Nous avons choisi trente beaux grains de blé;

après les avoir pesés avec soin, nous les avons plongés pendant quelques instans dans de l'eau chaude pour les faire *renfler ;* nous avons alors enlevé l'écorce, souvent d'une seule pièce ; nous avons lavé à plusieurs reprises cette pellicule, que nous avons pesée de nouveau, après l'avoir fait sécher à l'air pendant quelques jours. Le poids de l'enveloppe de ces grains ne s'est pas élevé à cinq pour cent du poids primitif du blé. Nous devons encore ajouter que le son n'était pas encore privé complètement de matière glutineuse, car il exhalait une odeur animale pendant sa dessiccation.

On peut donc avancer avec certitude que la proportion du son ou de la partie corticale du blé, n'excède pas cinq pour cent, ou un vingtième du poids du grain.

La mouture, même celle qui est la plus parfaite aujourd'hui, est encore bien loin, comme on le voit, d'être parvenue à la séparation complète de la farine d'avec le son, puisque les meilleurs moulins rendent environ le quart du poids du blé, ou vingt-cinq pour cent de sons.

E. Si l'on examine à l'aide du microscope la partie interne du son, on trouve qu'elle est recouverte d'une couche épaisse de fécule et de matière analogue à celle que l'on rencontre dans l'intérieur du grain.

F. Le son, tel qu'il se trouve dans le commerce, n'est pas identique; il varie singulièrement quant à ses qualités et à son poids spécifique.

Nous avons mesuré et pesé avec soin, dans des circonstances égales, la quantité d'un litre de diverses sortes de gros sons maigres, provenant de plusieurs localités éloignées; nous avons reconnu que ces différens sons, quoique très ressemblans à la vue, présentaient dans leur poids des variations considérables de 10, 15, et même 20 pour cent.

Le poids d'un litre de son très-maigre varie de 145 à 190 grammes (de 5 à 6 onces).

Il y a des sons gras qui pèsent jusqu'à 320 grammes (10 onces) le litre; c'est-à-dire que chaque décalitre contient 1,600 gramme (50 onces) de farine de plus que le son maigre ordinaire, lesquelles 50 onces de farine pourraient produire près de 2 kilogrammes 1/2 (5 livres) de pain de première qualité; car la portion du blé qui reste adhérente au son est le gruau que l'on sait être la partie la plus nutritive du grain, celle qui produit le plus beau et le meilleur pain.

Il faut en outre observer que ce son gras, qui contient la moitié de son poids de farine, ne se vend guère plus cher que le son qui en contiendrait beaucoup moins; car le son se vend à la mesure et non au poids. En résumé le poids d'un décalitre de sons ou d'issues de blé varie de 1 kil. 500 gram. à 4 kilogrammes (de 3 à 8 livres).

Le prix moyen du décalitre de son est de 25 centimes.

2° Examen chimique du son.

A. Nous avons dit plus haut qu'il résulte de nos expériences que la partie corticale du froment, ou le son, forme à peine cinq pour cent du poids du blé, tandis que par les procédés actuels de mouture, nous perdons au moins le quart, ou 25 pour cent du grain. Il était d'une haute importance de chercher à dépouiller le son de la farine qui y est adhérente; c'est dans ce but que nous avons entrepris une série d'expériences dont nous allons faire connaître les conclusions et les résultats.

Nous avons pesé avec exactitude cent grammes de gros son maigre, provenant de l'un de nos meilleurs moulins établis d'après le système anglais. Nous avons introduit ce son avec deux kilogrammes d'eau dans une grande bouteille. Après avoir agité à plusieurs reprises et laissé reposer ensuite le mélange pendant quelques heures, nous avons versé le tout sur un tamis très-fin, et nous avons pressé légèrement le marc.

Bientôt il se déposa au fond du vase dans

lequel avait été recueilli tout le liquide, une matière blanche pulvérulente que nous avons depuis reconnu pour être de l'amidon mélangé d'une petite portion de gluten.

Cet amidon, après avoir été desséché avec beaucoup de soin, à une chaleur douce, s'est trouvé peser vingt-cinq grammes cinq décigrammes.

Le son, après avoir été bien desséché, avait perdu quarante-cinq grammes (près de moitié) de son poids primitif.

L'eau de lavage était douceâtre, légèrement trouble et savonneuse. Cette eau, après avoir été filtrée et évaporée dans une capsule de porcelaine, a laissé un résidu d'une matière gommeuse, de couleur brune et légèrement sucrée, dont le poids était de dix-huit grammes.

Voici en résumé, le résultat de cette expérience :

Son maigre employé, cent parties.

Ce son a perdu par le lavage, 45 parties.

Qui se composent ainsi :

Fécule ou amidon.	25 parties 1/2
Extrait gommeux contenu dans l'eau de lavage.	18
Perte	1 1/2
Total. . . .	45

Le tableau suivant fait connaître l'analyse comparative des différentes issues de blé.

Tableau comparatif des produits obtenus

ESPÈCE Et nature des Sons. (1)	POIDS Du Son soumis à l'expérience.	POIDS De la fécule ou du dépôt, après sa dessiccation complète.
N. 1. Gros Son.....	2 onces.	3 gros 59 grains.
N. 2. Moyen Son...	2 onces.	3 gros 6 grains.
N. 3. Petit Son.....	2 onces.	3 gros 15 grains.
N. 4. Grosses Recoupettes........	2 onces.	3 gros 45 grains.
N. 5. Recoupettes fines.......	2 onces.	3 gros 47 grains.
N. 6. Remoulages bis	2 onces.	3 gros 19 grains
N. 7. Remoulages batards......	2 onces.	5 gros.
N. 8. Remoulages blancs (4) ..		
Total......	14 onces ou 112 gros.	3 onces 2 gros ou 23 1/4 pour 0/0.

Le lavage a été fait avec trois livres d'eau distillée à la tempé-

(1) Nous sommes redevables de ces divers échantillons à
centrale d'agriculture, et l'un des principaux négocians en grains,
bienveillant de ses lumières et de son expérience, nous a remis
de nos meilleurs moulins, c'est-à-dire de ceux où l'on sépare le plus

(2) L'eau de lavage a été filtrée avant que d'être évaporée.

(3) Il y a un léger déficit dans le total des produits partiels des
fortement.

(4) Nous avons essayé vainement de séparer le son des remoulages
si considérable dans cette sorte d'issues, que le son n'en peut
blancs à la fécule de pommes de terre pour en faire du pain.

par le lavage de différentes sortes de Sons.

POIDS Du résidu ou extrait sec obtenu par l'évaporation de l'eau de lavage (2).	POIDS Du Son lavé après avoir été convenablement desséché.	POIDS Des substances enlevées au Son par le lavage (3).
3 gros 5 grains.	8 gros 62 grains.	7 gros 10 grains.
3 gros 30 grains.	8 gros 54 grains.	7 gros 18 grains.
3 gros 16 grains.	9 gros 52 grains.	6 gros 20 grains.
3 gros 5 grains.	8 gros.	8 gros.
3 gros 10 grains.	8 gros 20 grains.	7 gros 52 grains.
3 gros 10 grains.	8 gros 8 grains.	7 gros 62 grains.
3 gros 15 grains.	6 gros 36 grains.	9 gros 36 grains.
22 gros et 20 grains ou 24 p. 0/0.	7 onces 2 gros 19 gr. ou 51 1/2 p. 0/0.	6 onc. 5 gros 56 gr. ou 48 1/4 p. 0/0.

rature de 12 degrés centigr. pour chaque espèce de sons.
l'obligeance de M. d'Arblay, membre de la Société royale et
de Paris. M. d'Arblay, qui a bien voulu nous prêter le secours
les échantillons d'issues dont il est ici question, comme provenant
complétement le son d'avec la farine.

opérations. Cette différence tient à ce que l'amidon a été desséché

blancs. La proportion du gruau, et par conséquent du gluten, est
être détaché. On pourrait mélanger avec succès les remoulages

Il résulte de ces diverses expériences que nous avons répétées un grand nombre de fois, avec tout le soin et l'exactitude désirables, que l'on peut, à l'aide d'un simple lavage à l'eau froide, retirer de toute espèce de sons, même de ceux qui proviennent de nos moulins les plus perfectionnés :

1° Vingt-trois pour cent de leur poids, terme moyen, de fécule ou d'amidon ;

2° Dix-huit à vingt-quatre pour cent d'une matière extractive, gommeuse, sucrée, qui peut être employée, avec le plus grand succès, pour la fabrication du pain ou à plusieurs autres usages économiques, comme nous le dirons bientôt ;

3° Cinquante à cinquante-deux pour cent de son lavé contenant près de la moitié de son poids de matière nutritive et animalisée, ce qui le rend encore très-profitable ponr les animaux.

Ce son lavé, qui contient moitié de son poids de substances très-nutritives, ne peut en être dépouillé que par des procédés chimiques assez compliqués, qui sont par conséquent hors de la portée de tous les ménages.

Résultats :

Cent kilogrammes de sons de diverses sortes contiennent :

Amidon (sec)	23	kil.
Matière extractive soluble . . .	18 à 25	

Son lavé (sec). 52

Cent kilogrammes de son contiennent donc au moins soixante kilogrammes de pain blanc de première qualité (1).

B. Le seigle donne aussi, par la mouture, le quart de son poids en son ; et ce son de seigle comme celui de froment perd la moitié de son poids par le lavage.

Si nos moulins les plus perfectionnés laissent encore dans les sons cinquante pour cent, ou la moitié de leur poids, de farine que l'on en peut facilement retirer par un simple lavage, combien cette proportion ne doit-elle pas être augmentée lorsque la mouture et les bluteries sont imparfaites, comme cela arrive généralement dans nos campagnes où l'on retire à peine cinquante kilogrammes de farine de cent kilogrammes de blé ?

C. Nous avons dit que l'eau qui a servi à laver le son et à le dépouiller des substances nutritives qui y demeurent adhérentes, peut être employée, avec succès, pour la fabrication du pain. C'est de la farine sous la forme liquide.

1o D'abord, il est constant que cent kilogrammes de sons perdent par le lavage, outre vingt-trois kilogrammes de fécule qui se dépose, dix-huit à

1) 100 kilogr. de farine donnent 125 kil. de pain : les 48 kil. de gruau restés dans le son donnent au moins 60 kil. de pain.

vingt-cinq kilogrammes de matière extractive semblable à celle qui se trouve dans la farine et avec laquelle on fait le pain.

2° Nos expériences personnelles et même des essais que l'on a faits il y a bien long-temps, ne laissent aucun doute sur les avantages de l'emploi de l'eau de son pour la préparation du pain.

En 1770, les dames de la Jutais annoncèrent un procédé à l'aide duquel on augmentait d'un quart et même de près d'un tiers, le produit ordinaire de la farine, en pain de très-bonne qualité. Des expériences furent faites, à cette époque, en présence du Ministre de la Police, d'une commission nommée par l'administration des hôpitaux, et d'un grand nombre de boulangers. Le pain fut préparé avec une *essence* particulière dont la composition était un secret (ce n'était autre chose qu'une décoction de son) (1). Il fut constaté que l'on obtenait, par ce moyen, une augmentation en pain d'un cinquième, d'un quart et même près d'un tiers en plus de ce que rendait la même quantité de farine travaillée par les procédés ordinaires. Le pain fut trouvé de meilleur goût que le

(1) Pour 320 livres de farine, on prend 12 boisseaux de gros son que l'on fait bouillir pendant une heure dans 124 pintes d'eau; remuant soigneusement le mélange, et passant ensuite la liqueur, que l'on doit employer fraîche.

(*Bibliothèque physico économique*; octobre 1808).

pain ordinaire, et pouvant se conserver frais pendant très-long-temps.

Ce procédé a été d'ailleurs indiqué et recommandé par Rozier, Parmentier, Chaptal, MM. Lasteyrie, Julia Fontenelle et d'autres agronomes (1).

Parmentier a employé avec succès une décoction de son pour améliorer la qualité du pain fait avec des farines viciées ; il a observé qu'elle augmentait la quantité de pain, et il en a obtenu de grands avantages pour préparer du pain avec la fécule de pommes de terre.

Nous avons nous-même fait des expériences desquelles il résulte que l'eau de lavage du son, employée pour la préparation de la pâte, produit

(1) Notre procédé, qui consiste à laver le son à l'eau froide, au lieu d'en faire une décoction, diffère essentiellement, par ses résultats, de celui que nous venons d'indiquer.

En faisant bouillir le son dans l'eau, la fécule qu'il renferme se convertit en empois, reste attachée au son et en forme une masse solide et comme gélatineuse ; la décoction ne contient que l'extrait soluble, et toute la fécule reste dans les résidus.

Au contraire, si l'opération se fait à froid et d'une manière convenable, la fécule se détache facilement du son, elle se dépose et se réunit au fond du vase ; l'eau de lavage se charge des parties solubles, et l'on recueille ainsi 25 à 40 pour 0/0 de fécule qui sont complètement perdus par l'autre procédé. C'est là précisément ce qui donne au nôtre un avantage et une supériorité immenses sur l'ancien, ce qui permet de faire du lavage du son une entreprise industrielle, utile et profitable, susceptible de fournir une quantité considérable d'amidon ou de farine à l'état sec ; en un mot, une marchandise pouvant être livrée au commerce.

en pain de très-bonne qualité, un cinquième en sus du poids de l'extrait contenu dans cette eau; c'est-à-dire que si l'eau de lavage contient vingt kilogrammes d'extrait soluble, ces vingt kilogrammes produiront, en pain, vingt-cinq kilogrammes de plus que si l'on eût fait usage d'eau pure pour le pétrissage.

Procédé économique pour laver le son et en retirer facilement l'amidon et les autres substances nutritives qu'il contient.

Ayez un vase en bois de la forme d'un décalitre, ou un seau dont le fond soit garni d'une toile fine et claire; ou mieux : ayez un seau en ferblanc dont le fond et une partie des côtés soient percés de trous très-petits, comme ceux d'une passoire.

Remplissez ce vase avec le son que vous voulez laver; trempez le tout dans un baquet un peu plus grand que le seau, et contenant de l'eau propre ou de rivière clarifiée; remuez le son; retirez le vase de l'eau et l'y plongez à plusieurs reprises; laissez-l'y enfin pendant une ou deux heures, ayant soin de donner à l'amidon le temps de se reposer au fond du baquet; à la fin, retirez et replongez oucement le sceau; faites-le égoutter en pressant assez fortement la surface du son.

On retirera l'amidon qui s'est déposé au fond

du baquet, après avoir versé doucement l'eau qui surnage.

L'eau de lavage doit être employée de suite à pétrir le pain; c'est-à-dire dans la journée ou dans les vingt-quatre heures, si le temps n'est pas trop chaud; car elle fermente promptement.

Le dépôt d'amidon et de gluten peut être mélangé de suite à la farine destinée à faire le pain, et dans ce cas on doit l'employer dans la journée même ou le lendemain; au contraire, si l'on veut conserver cette fécule pour la livrer au commerce, on la fera ressuyer pendant quelques heures sur des toiles et dans des paniers exposés à un courant d'air, et ensuite on achevera de la faire dessécher dans un four modérément échauffé, ou dans une étuve.

Si le fond du baquet avait une certaine inclinaison, et portait une ouverture à la partie la plus déclive; ou si le fond de ce vase avait la forme d'un cône renversé, au sommet duquel se trouverait un bouchon ou un robinet, on pourrait laisser échapper l'amidon de temps en temps, et au fur et à mesure qu'il vient se déposer dans l'intérieur du cône renversé; en fermant le robinet aussitôt que toute la fécule sera sortie, on conservera dans le baquet l'eau de lavage, qui pourra servir pour une seconde opération, et se charger ainsi d'une plus grande quantité de parties nutritives.

Le lavage du son peut-il devenir l'objet d'une entreprise industrielle susceptible de présenter quelques bénéfices?

Nous pensons que cette entreprise sera généralement lucrative, mais surtout dans les provinces où la mouture est encore arriérée et dans les localités où l'on pourra mettre à profit les eaux de lavage et les résidus de la fabrication.

Il est donc utile de réunir ce nouvel établissement soit à un moulin à blé, soit à une forte boulangerie, soit à une brasserie ou une distillerie. On doit en outre avoir toujours dans le voisinage un nombre de bestiaux suffisant pour consommer tous les résidus.

Les parties essentielles de l'établissement sont :

1°. Une sorte de hangard ou d'appentis au rez-de-chaussée, dans lequel on placera les cuves destinées au lavage du son, et où l'on fera monter, soit par une pompe, soit par le mécanisme du moulin lui-même, la quantité d'eau nécessaire pour le lavage.

2°. Un séchoir avec une étuve.

Aperçu de la dépense et des produits d'un établissement de lavage de sons pouvant fournir 250 kilog. de fécule sèche par jour.

1°. *Frais de premier établissement.*

1°. Un hangard ou appentis	300 f.
2°. Quatre tonneaux ou cuves de 4 hectolitres l'un	80
3°. Pompe et agitateurs placés dans les tonneaux	100
4°. Etuve et séchoir	400
5°. Paniers, toiles, menues dépenses.	120
TOTAL	1000 f.

2°. *Frais pour chaque journée de travail.*

1° Trente-six hectolitres de sons, distribués en neuf charges, dans les quatre cuves, pesant ensemble 1,000 kilogrammes, ou 36 hectolitres à 2 fr. 50 c. . .	90 f.
2° Deux journées d'ouvriers. . . .	3
3°. Chauffage de l'étuve	2
4°. Entretien; frais généraux . . .	3
TOTAL	98 f.

3°. Produits pour chaque journée de travail.

1°.	250 kilog. de fécule sèche à 30 c. le kilog.	75 f.
2°.	250 kilog. de farine liquide ou d'extrait (supposé à l'état sec), à raison de 10 c. le kil., prix moyen du son . . .	25
3°.	500 kil. de son lavé, que nous supposons sec, lequel contient encore plus de moitié de son poids de gluten et d'autres substances très-nutritives à 6 c. le kil. . . .	30 f.
1,000 kil.	TOTAL. . . .	130
	Bénéfice probable par chaque journée.	32
	Idem par année . . .	10,000

En admettant que l'on donnât chaque jour 15 kil. de son lavé (supposé sec) par vache, il en faudrait environ trente-cinq pour consommer les 500 kil. de résidus.

On a dû remarquer que nous avons coté à un très-bas prix la substance sucrée contenue dans les eaux de lavage, que l'on emploiera sans doute à d'autres usages plus avantageux que l'engrais des bestiaux ; car 1° les 250 kil. d'extrait ou de farine liquide peuvent produire près de 300 kil. de pain;

2° L'eau de lavage, surtout lorsqu'elle a servi pour deux opérations successives, est suffisamment chargée de parties nutritives pour être employée avec de grands avantages à la préparation de la bière. Elle peut aussi, dans les campagnes, servir à la préparation des boissons économiques (1).

Enfin, l'on peut en retirer, par la distillation, une quantité notable d'eau-de-vie. Les 250 kil. d'extrait sucré produiraient, il y a lieu de le croire, au moins 200 litres d'eau-de-vie à 20 degrés.

Il faut remarquer en outre, 1° que nous n'avons supposé dans les sons que le quart de leur poids de farine, tandis qu'il est démontré que beaucoup de sons contiennent près de la moitié de leur poids de belle farine et souvent bien davantage.

2°. Que le prix du son est généralement très-bas lorsque le blé est cher; car la cherté du blé est occasionnée, le plus souvent, par des pluies prolongées qui, en augmentant la production des fourrages, font baisser les prix du son. C'est donc pendant les années où le pain se vendra cher que les bénéfices du lavage du son seront le plus considérables, puisque l'on pourra convertir en pain la moitié du poids du son; la fécule vaut alors 40 à 50 c. le kilogram.

(1) Voyez à ce sujet les travaux de M. Dubrunfaut sur la saccharification des fécules; et ceux de M. le baron Silvestre sur les boissons économiques, qui se trouvent dans les mémoires de la Société royale et centrale d'Agriculture, *année* 1823.

Réflexions sur les avantages économiques que doit procurer le lavage du son.

On peut évaluer la consommation de céréales, par jour, en France, à 20 millions de kilog.

Lesquels donnent 5 millions de kilog. de sons, dont on peut retirer, par jour, 3 millions de kil. de pain en plus de ce qu'on en retire aujourd'hui.

Ce qui, en comptant le pain à 25 c. le kilog., représente une valeur de :

750 mille francs par jour;

90 millions de kilog. de pain, ou

22 millions de francs par mois;

164 millions de francs par an;

Somme plus élevée que les revenus tout entiers des Etats-Unis d'Amérique; ou que ceux de la Belgique et de la Hollande réunies.

Pour Paris, on obtiendrait de la même quantité de blé que l'on consomme chaque année, 10 à 11 millions de kil. de pain en plus de ce qu'on en retire maintenant, lesquels représentent une valeur de plus de 260 mille francs par mois.

CONCLUSIONS.

Il résulte de nos recherches :

1°. Que l'enveloppe ou la partie corticale du blé forme à peine 5 pour 100 ou 1/20 du poids du grain.

2°. Que néanmoins, par les bons procédés ordinaires de mouture, le blé produit le quart de son poids en sons ou issues.

3°. Qu'on laisse aujourd'hui dans le son plus de 75 p. 100, en poids, de substances nutritives.

4°. Qu'au moyen d'un procédé très-facile, d'un simple lavage à l'eau froide, on peut retirer immédiatement du son 50 pour 100 ou moitié de son poids de substances nutritives, savoir : 23 à 25 pour 100 à Paris (et 23 à 30 pour 100 en province) de fécule ou amidon très-blanc ; et 22 à 23 pour 100 d'extrait sucré qui reste dissous dans l'eau de lavage. Cette eau peut très-bien servir pour la préparation du pain, de la bière et des boissons économiques ; on peut en extraire une quantité notable d'eau-de-vie par la distillation ou la convertir en sirop.

5°. Que l'on peut ainsi retirer du blé 15 pour 100 de pain de première qualité, en plus de ce qu'on en obtient maintenant.

6°. Qu'en portant à 100 millions d'hectolitres la

quantité de céréales que l'on consomme annuellement en France, on pourrait obtenir de la quantité de blé qui se consomme chaque jour, une augmentation de plus de *trois millions de kilogrammes* ou six millions de livres de pain par jour : ce qui offre une ressource assurée contre le fléau des disettes, et représente une valeur de plus de 160 millions de francs par année.

Nota. Si l'on porte la population moyenne de chacun de nos départemens à 372 mille habitans; si l'on admet que chacun de ces habitans consomme par jour un demi-kilog. ou une livre de blé, de seigle ou d'orge, il y aura dans chaque département 46 mille kilog. de sons à laver par jour; et il faudrait, par conséquent, 46 établissemens tels que ceux dont il a été fait mention page 31.

FIN.

Imprimerie de SÉTIER, rue de Grenelle St-Honoré, n. 29.

www.ingramcontent.com/pod-product-compliance
Lightning Source LLC
LaVergne TN
LVHW050503160826
845677LV00003B/911

* 9 7 8 2 3 2 9 6 5 7 8 3 7 *